揭秘宇宙

刘宝恒◎编著

浙江摄影出版社
全国百佳图书出版单位

宇宙的传说

浩瀚无垠的宇宙，激发出人们的无限遐想。在遥远的古代，就流传着各种关于宇宙的神话传说。

在古代的中原大地上，盘古开天辟地是最广为人知的传说。

相传，“大力士”盘古挥起斧头，将原本连在一起的天地劈开了！

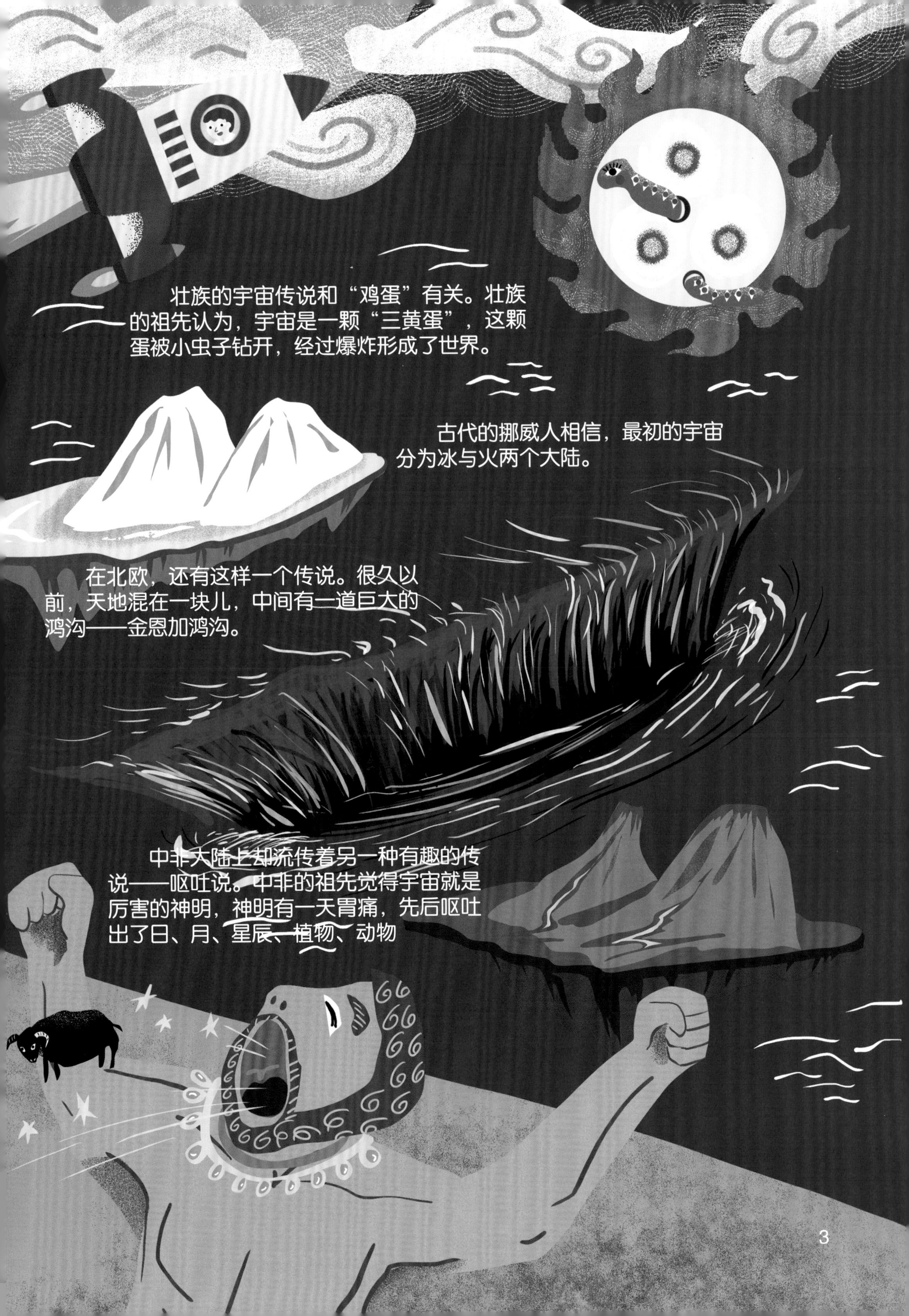

壮族的宇宙传说和“鸡蛋”有关。壮族的祖先认为，宇宙是一颗“三黄蛋”，这颗蛋被小虫子钻开，经过爆炸形成了世界。

古代的挪威人相信，最初的宇宙分为冰与火两个大陆。

在北欧，还有这样一个传说。很久以前，天地混在一块儿，中间有一道巨大的鸿沟——金恩加鸿沟。

中非大陆上却流传着另一种有趣的传说——呕吐说。中非的祖先觉得宇宙就是厉害的神明，神明有一天胃痛，先后呕吐出了日、月、星辰、植物、动物

宇宙的诞生

神秘的宇宙究竟是怎么出现的？

最初的宇宙是什么样的呢？它又是如何演化成今天的模样的呢？

科学家猜测，最初的宇宙只是一个小点，它被称为“奇点”。奇点几乎不占任何空间，致密又炽热！

谁也没想到，大约在137亿年前，这个奇点不停地膨胀。这一过程就像一次规模超大的爆炸，被科学家称为“宇宙大爆炸”！

宇宙大爆炸之后，温度降低了，密度变大了。

渐渐地，气体出现了，凝聚成星云。

星云组成了不同的恒星和星系，如今的宇宙就这样诞生啦！

宇宙真大呀

小朋友，当你望向天空时，你只能看到宇宙的很小一部分。宇宙比你想象的大得多！

宇宙究竟有多大呢？

根据目前的科学研究，科学家认为宇宙的直径有 930 亿光年呢！

什么是光年呢？

在宇宙真空中，光沿着直线走一年的距离，就是1光年。

可见，宇宙真是大得不得了呀！

宇宙中有各种各样的天体。

有会发光的恒星。

有绕着恒星旋转的行星。

930 亿光年

无数的恒星和其中的星际物质，组成了星系。

我们在哪里

人类生活在宇宙的哪个位置呢？一起来找一找吧！

如果飞得足够远，你会发现——我们所在的地球，处在一个巨大的旋涡之中。这个旋涡，就是大名鼎鼎的“银河系”。

银河系究竟有多大呢？它的直径大概是 8 万光年。

同一个星系中的恒星，总是围绕着一个中心来运行。

这可离不开引力的功劳！

银河系拥有多条清晰且对称的旋臂。

我们所能看见的恒星，几乎都属于银河系“大家庭”。太阳系就处于银河系之中。

地球的构造

地球是太阳系中的一颗行星。我们熟悉的地球，有着怎样的构造呢？

地球的上空，笼罩着一层大气。

地球也被称为“蓝色星球”。这是因为地球的表面，有海洋、湖泊、江河等水体组成的“水圈”。

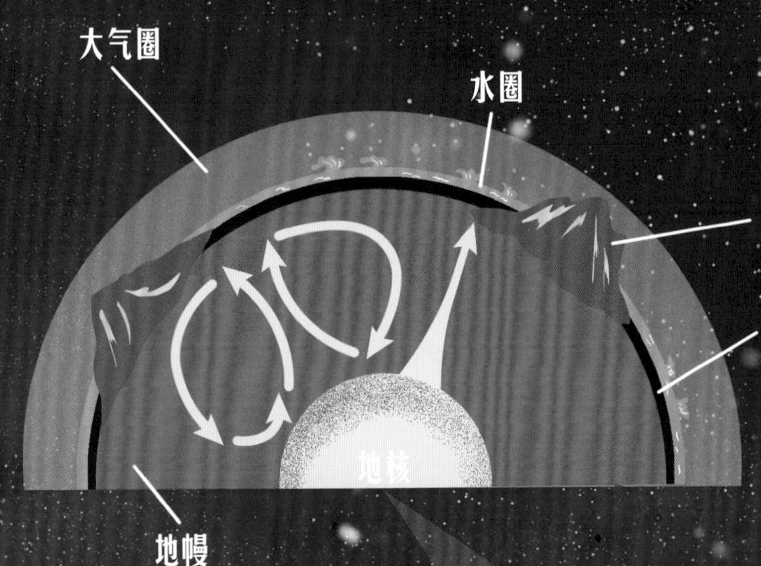

地球的固体外壳，叫作“地壳”。它由岩石构成，处于地球内部结构的最外层。

位于地壳和地核之间的部分，是“地幔”。地幔约占地球总质量的 67% 呢！

如果把地球切开，我们可以看到它的内部结构。地球的核心部分，也是地球的最内部，叫作“地核”。地核还可分为外地核和内地核。

恒星的命运

恒星是闪耀着光芒的星体。它们会一直发光吗？

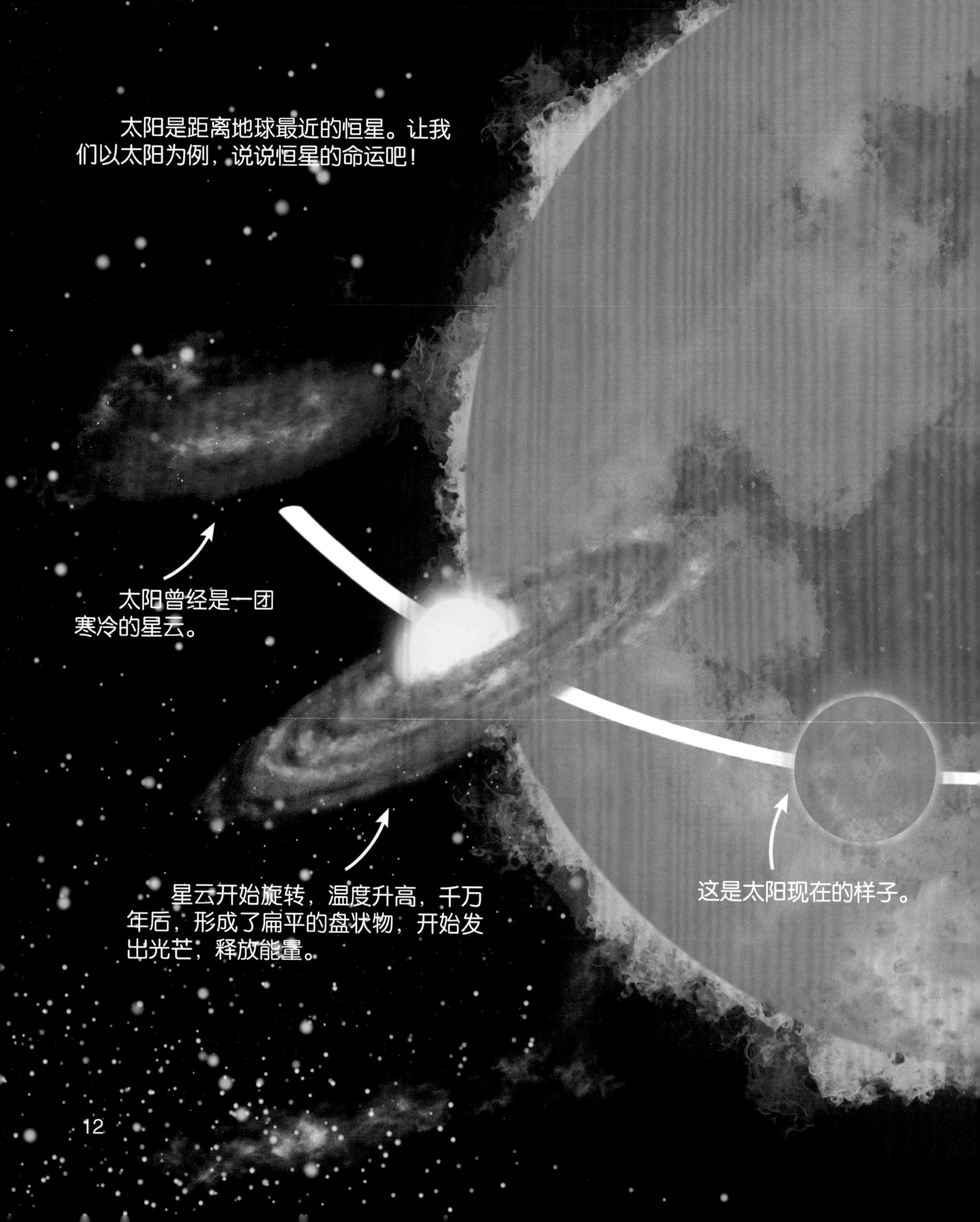

太阳是距离地球最近的恒星。让我们以太阳为例，说说恒星的命运吧！

太阳曾经是一团寒冷的星云。

星云开始旋转，温度升高，千万年后，形成了扁平的盘状物，开始发出光芒，释放能量。

这是太阳现在的样子。

大约又过了 80 亿年之后，白矮星会转变为黑矮星，温度变低，亮度也不足了。太阳最终将变成一颗死亡之星。

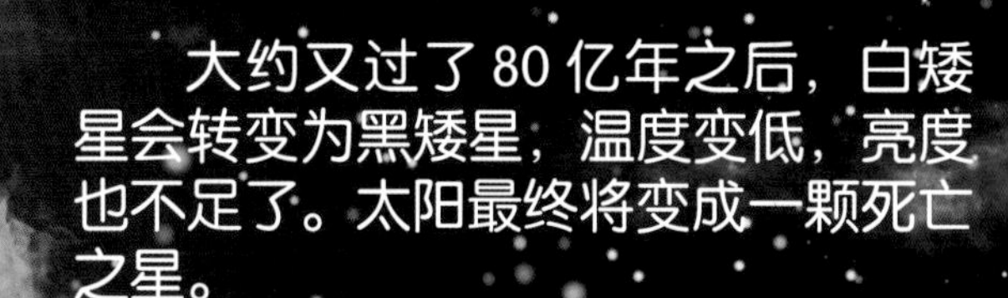

在运行了足够长的时间后，太阳会渐渐变成白矮星。白矮星的温度超级高，还比原来的太阳亮 100 倍！

科学家们预测 30 亿年以后，太阳开始膨胀，会逐渐变成红巨星。红巨星非常巨大，大约是现在太阳的 300 倍。

一些超大质量的恒星将会发生坍缩，形成黑洞。黑洞就像无底洞，被它吞噬的物质再也出不来！

宇宙会终结吗

经过大爆炸，宇宙诞生了。那么，宇宙最后会走向灭亡吗?

不少科学家认为，宇宙终有一天，会迎来终结的时刻。不过，终结的时间点无法预测。

1 恒星会死亡，宇宙也可能会以“大冻结”的方式而结束。

部分科学家认为数万亿年之后，所有的恒星会耗尽能量，逐渐变暗，直至无法再发光。

宇宙逼近绝对零度，到处都是燃尽的恒星、冷死行星和黑洞。最终，黑洞崩溃分解，宇宙进入暗无天日的一片死寂。

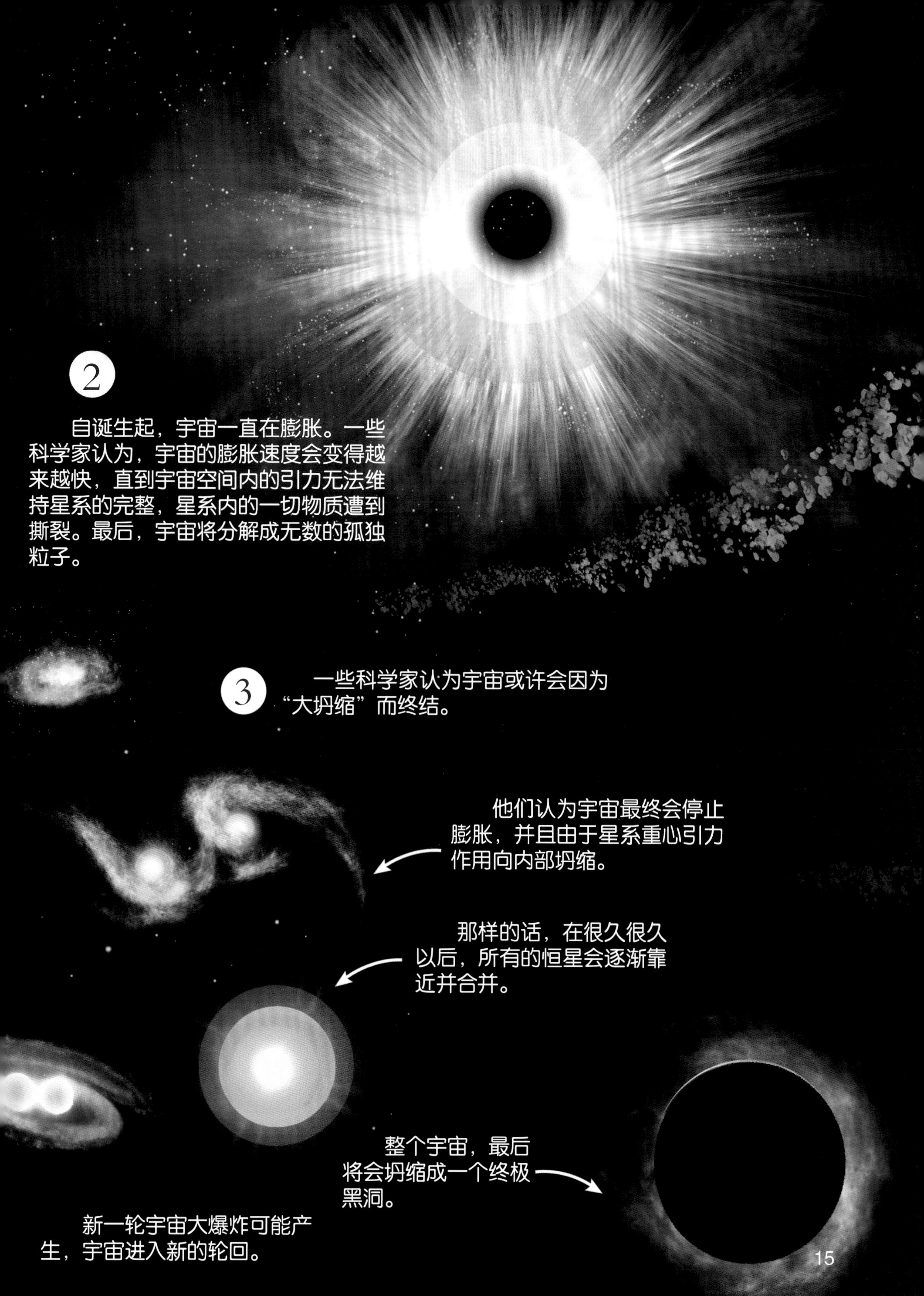

2

自诞生起，宇宙一直在膨胀。一些科学家认为，宇宙的膨胀速度会变得越来越快，直到宇宙空间内的引力无法维持星系的完整，星系内的一切物质遭到撕裂。最后，宇宙将分解成无数的孤独粒子。

3

一些科学家认为宇宙或许会因为“大坍缩”而终结。

他们认为宇宙最终会停止膨胀，并且由于星系重心引力作用向内部坍缩。

那样的话，在很久很久以后，所有的恒星会逐渐靠近并合并。

整个宇宙，最后将会坍缩成一个终极黑洞。

新一轮宇宙大爆炸可能产生，宇宙进入新的轮回。

月球的探险

月球是太空中距离我们最近的星球。人类早在 1969 年就登上了月球。让我们一起来看看月球是怎样的吧！

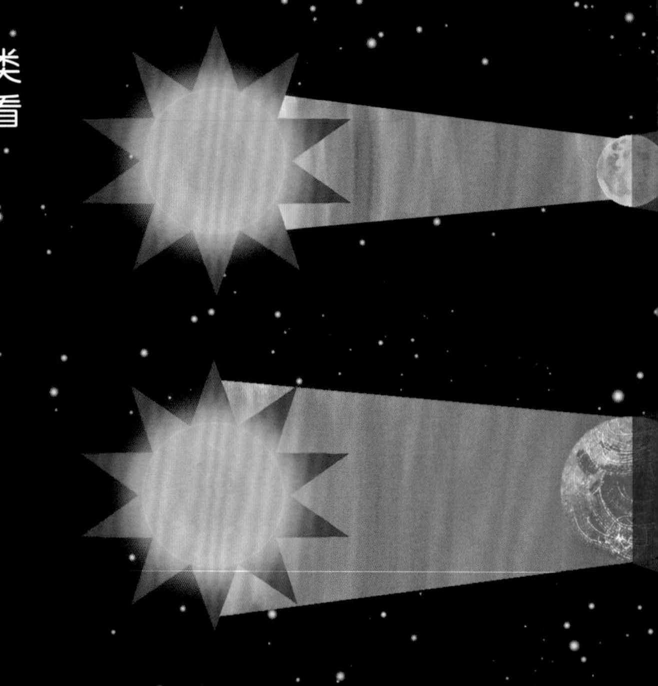

关于月球的起源，一些科学家认为在地球刚形成的时候，数颗小行星多次碰撞地球留下了无数的岩石碎片。这些碎片在地心引力的作用下，逐渐凝聚围绕在一起，最后形成了月球。

1969 年 7 月 20 日，人类第一次登上了月球。因为月球比地球小很多，引力弱，所有物体在月球上的重力是地球重力的 1/6。当宇航员登月后，他们在艰难的情况下完成了多项实验任务。

月球围绕着地球公转，而地球又围绕着太阳公转。这三颗星球有时会正好在一条直线上。当月球遮住太阳射向地球的光时，就发生日食；当地球遮住太阳射向月球的光时，就发生月食。

因为月球上没有大气层，太阳光不会被折射，所以在月球上没有白天和黑夜之分。只要避开太阳的方位，就可以看到黑色的夜空和漫天的繁星。

月球上有水吗？ 通过研究从月球采集回来的岩石，科学家们发现，月球两极附近寒冷而黑暗的陨石坑里可能有固体水。这样的话，未来宇航员就可以直接使用这些水，而不用从地球上带了。

从地球看宇宙

在地球上，人们可以通过各种各样的望远镜来观测宇宙。

宇宙中有各种不同形状的星系。

旋涡星系

车轮星系

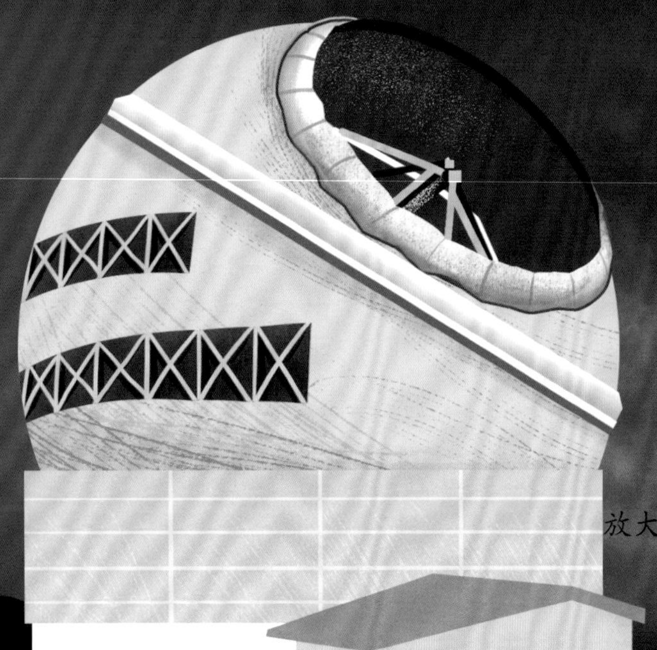

它可以把星体放大，真神奇！

天文望远镜是观测天体的主要工具。

这颗带着“尾巴”的星星，是围绕太阳运行的彗星。

在地球上，夜晚我们能看到的最亮的恒星，是天狼星！

哈勃望远镜是一架人们放在天上的望远镜。通过它，人们能获取到遥远星体的壮观图像。

椭圆星系

宇宙的奇观

茫茫的宇宙中，总有些令人惊叹的景象。一起来看看吧！

这个奇特的星云就像一个巨大的沙漏，中间犹如一只眼睛，被称为“沙漏星云”。

人们通过哈勃望远镜，观测到了美丽的星云。看，它有着像蝴蝶一样对称的“翅膀”，被称为“蝴蝶星云”。

某些恒星进入演化的末期，会出现“超新星爆炸”。这种爆炸会发出超级明亮的光，照亮整个星系！

小朋友，你见过流星吗？

由分布在星际空间的细小物体和尘粒组成的物质，在地球引力的作用下，飞入地球大气层，跟大气摩擦发出热和光，这就是流星。

许许多多的流星，可构成流星雨，真壮观！

古代的天文学

早在 3000 年前，古代的天文学家就对宇宙产生了浓厚的兴趣。

最开始的天文学记录，出自哪些古代国家呢？

它们是古埃及、中国和古巴比伦。

小熊座

泰勒斯（约前 624—约前 547）发现了小熊座，被誉为“星学之王”。

公元前 7 世纪

泰勒斯

托勒密（约 99—168），古希腊科学家。他在著作《天文学大成》中提出“地心说”，认为地球居于宇宙中心，日、月、行星和恒星围绕着它运行。在 17 世纪以前，“地心说”是被公认的世界观。

中国科学家张衡（78—139）创制了世界上最早利用水力转动的浑天仪。通过这个仪器，人们能将天象准确地表示出来。

近代的天文学

到了近代，天文学家的研究更上一层楼。

哥白尼（1473—1543）是波兰的天文学家，他在 40 岁时完成了《天体运行论》一书。

哥白尼提出了一个在当时让人惊奇的理论——日心说。他认为，太阳才是宇宙的中心，地球和其他行星围绕着太阳运行。

德国杰出的天文学家开普勒（1571—1630），发现行星沿椭圆轨道运动，提出了行星运动三定律，他被誉为“天空立法者”。

意大利科学家伽利略（1564—1642），创制了世界上第一台天文望远镜。他也是第一个用望远镜观测太空的人。
牛顿（1643—1727）不仅是物理学家、数学家，也是一位出色的天文学家。他提出的万有引力定律，解释了行星环绕太阳运行的原理。

揭开宇宙的奥秘

神秘的宇宙，吸引着无数人类探索者。为了揭开宇宙的奥秘，科学家们提出了各种各样的设想。

天文学是一门古老的科学。早在几千年前，人类就开始观测天体，记录天象了。天文学研究的是宇宙空间天体、宇宙的结构和发展等内容。

在未来，任何人都可以进行太空旅行，就像乘坐飞机一样，买一张前往某个星球的宇宙飞船票就可以了。设想一下，我们可以通过时空虫洞，从宇宙的一个地方瞬间去到另一个地方，这是多么神奇！

虽然大多数天文学家没有亲自上太空，但他们依然探索出了许多宇宙的奥秘。

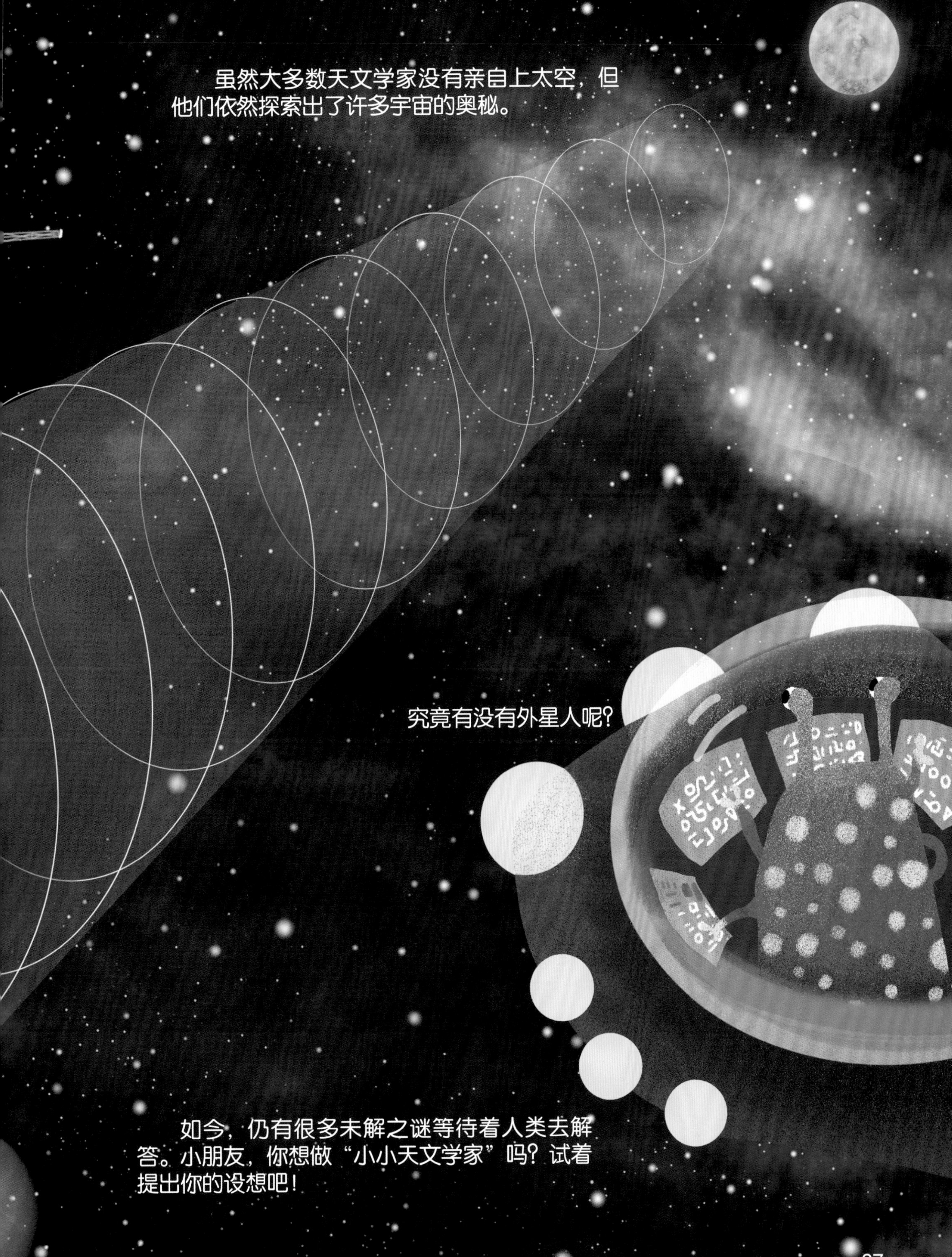

究竟有没有外星人呢？

如今，仍有很多未解之谜等待着人类去解答。小朋友，你想做“小小天文学家”吗？试着提出你的设想吧！

责任编辑　瞿昌林
责任校对　高余朵
责任印制　汪立峰

项目策划　北视国
装帧设计　北视国

图书在版编目（CIP）数据

揭秘宇宙 / 刘宝恒编著 . -- 杭州 : 浙江摄影出版社, 2022.1
（小神童·科普世界系列）
ISBN 978-7-5514-3611-3

Ⅰ. ①揭… Ⅱ. ①刘… Ⅲ. ①宇宙—儿童读物 Ⅳ. ① P159-49

中国版本图书馆 CIP 数据核字 (2021) 第 232509 号

JIEMI YUZHOU

揭秘宇宙

（小神童·科普世界系列）

刘宝恒　编著

全国百佳图书出版单位
浙江摄影出版社出版发行
地址：杭州市体育场路 347 号
邮编：310006
电话：0571-85151082
网址：www.photo.zjcb.com
制版：北京北视国文化传媒有限公司
印刷：唐山富达印务有限公司
开本：889mm×1194mm　1/16
印张：2
2022 年 1 月第 1 版　　2022 年 1 月第 1 次印刷
ISBN 978-7-5514-3611-3
定价：39.80 元